Couverture inférieure manquante

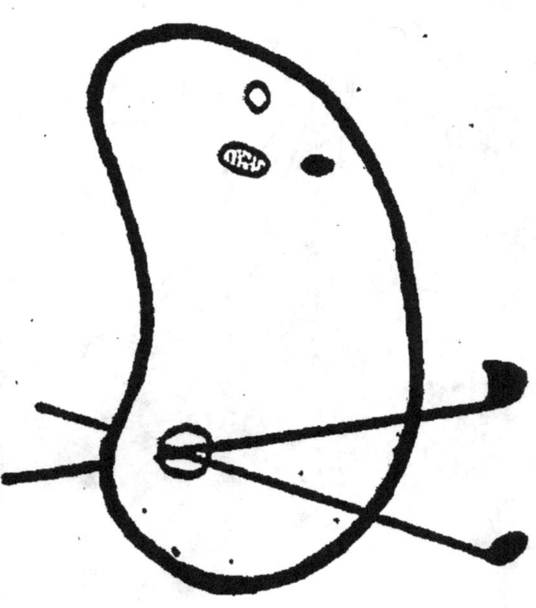
DEBUT D'UNE SERIE DE DOCUMENTS
EN COULEUR

MONOGRAPHIE DE L'ILE DE DJERBA

PAR

A. BRULARD

Lieutenant au 24.t Bataillon de Chasseurs.

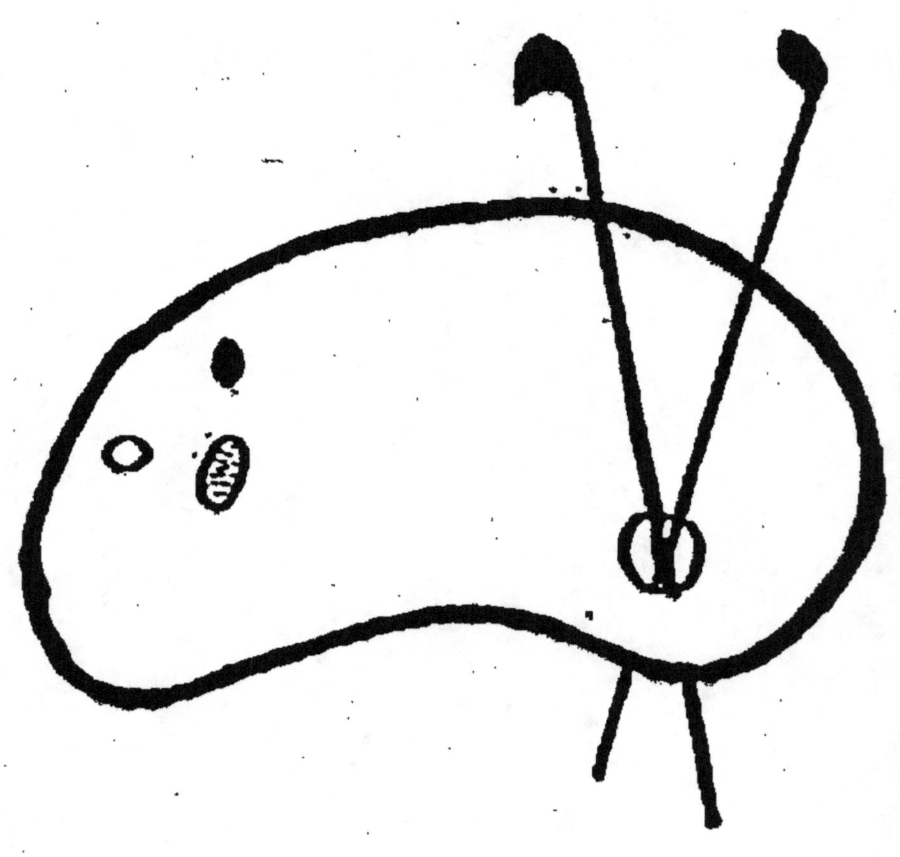

FIN D'UNE SERIE DE DOCUMENTS
EN COULEUR

MONOGRAPHIE

DE

L'ILE DE DJERBA

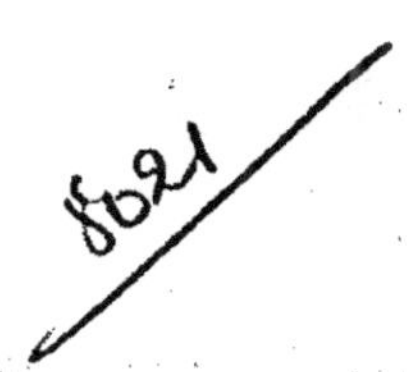

MONOGRAPHIE

DE

L'ILE DE DJERBA

PAR

A. BRULARD

LIEUTENANT AU 24ᵉ BATAILLON DE CHASSEURS A PIED

BESANÇON

TYP. & LITH. CH. DELAGRANGE

1885

Bismillahi 'rrhamani 'rrahim[1]

Dès la plus haute antiquité, la polyonyme ile de Djerba a eu sa place marquée dans l'histoire, et il est peu d'auteurs anciens ou modernes qui se soient occupés de l'Afrique sans l'avoir au moins mentionnée. Mais, jusqu'à présent, aucune œuvre complète n'a été entreprise. Seul, dans sa géographie comparée de la province romaine d'Afrique, le regretté membre de l'Institut, M. Charles Tissot, lui consacre quelques pages dont les données archéologiques nous ont été d'un précieux secours.

Réunir ces documents épars dans les livres anciens ou modernes, et dans les manuscrits trouvés dans le pays, y joindre le fruit de nos observations pendant notre séjour dans l'ile, en faire un tout permettant de connaitre ce petit coin de terre qu'on est convenu d'appeler « le jardin de la Tunisie. »

Tel est le but de cette modeste étude.

Nous croirions d'ailleurs manquer à un devoir sacré, si nous n'adressions ici nos remerciements à M. Féraud, ministre plénipotentiaire de France à Tanger; à M. Poignon, consul gérant de France à Tripoli de Barbarie; au R. P. Delattre, le docte missionnaire et archéologue de Saint-Louis de Carthage, qui ont bien voulu nous tracer la voie à suivre, et à notre compatriote et ami, M. Patroze, avec lequel nous avons si souvent parcouru l'ile en tous sens, et qui a si obligeamment mis à notre disposition sa grande connaissance du pays.

Nous demandons enfin aux quelques lecteurs de cet opuscule de vouloir bien nous pardonner les imperfections qu'ils pourront y rencontrer, et pour lesquelles nous sollicitons leur bienveillante indulgence.

A. BRULARD,

Lieutenant au 24ᵉ bataillon de chasseurs à pied.

Villefranche-sur-Mer, le 1ᵉʳ mai 1885.

---

(1) Cette formule, qui signifie « Au nom du Dieu clément et miséricordieux, » est placée en tête de tous les écrits, actes, etc., arabes.

MONOGRAPHIE

DE

L'ILE DE DJERBA

ORIGINE DU NOM DE L'ILE

Doit-on croire à la légende qui a fait de l'île de Djerba la fameuse île de Calypso, et y rechercher la grotte de la déesse, cette grotte placée « sur le penchant d'une colline d'où l'on découvrait la mer quelquefois claire et unie comme une glace, d'autres fois follement irritée contre les rochers où elle se brisait en gémissant et élevant les vagues comme des montagnes? »

Nous ne le pensons pas, car aucun point de l'île ne nous a paru susceptible d'inspirer, même à une imagination ardente, de semblables descriptions, fort poétiques sans doute, mais trop peu vraisemblables.

Doit-on également croire, avec les contemporains de Strabon, que cette île servit de refuge à Ulysse poursuivi par la colère des dieux, et y rechercher l'autel de ce héros ou toute autre trace de son passage?

Nous ne le pensons pas non plus; en effet la *terre des Lotophages* (de φαγεῖν, manger, et λωτός, lotos), mentionnée par Hérodote, puis par Homère, sur lequel s'appuie Strabon, s'applique à toute la petite Syrte, que nous voyons aussi appeler dans le Périple de Scylax : Syrte Cercinnitique, et dans Strabon : Syrte Lotophagitique.

C'est donc plutôt dans ce sens large que nous devons interpréter ce passage de l'*Odyssée*, et admettre comme plus vraisemblable que l'île des Lotophages ne fut connue des Grecs qu'après les premières explorations des Cyrénéens.

Le seul nom punique qui se rapproche de la dénomination grecque se retrouve dans le Parid, ou Zizyphus de Théophraste. Il désigne par là, en effet, une espèce végétale analogue au lotus.

Quant au nom de *Meninx*, par lequel elle est désignée soit simultanément, soit postérieurement, tout porte à croire qu'il est d'origine lybienne, et que l'île a été un des principaux centre de la race primitive qui occupait le nord de l'Afrique au moment de l'arrivée des Phéniciens. L'élément berbère qui y domine encore aujourd'hui en est une preuve.

Vers le milieu du IIIe siècle, au moment où Gallus et Volusianus y son élevés à la dignité d'augustes le nom de *Girba* est substitué à celui de Meninx.

Le passage d'Aurélius Victor, dans son *Histoire des Césars :* « Creati in insula Meninge quæ nunc Girba dicitur. » ne laisse aucun doute à cet égard.

C'est de ce mot Girba, qu'est venu, par corruption, l'appellation actuelle de Djerba.

Il y a bien encore cette ancienne légende qui fait venir ce nom d'une statue en or, appelée Djerba, très vénérée des anciens, et qui aurait été trouvée dans une église maintenant en ruines, située à l'ouest d'El-Kantara, alors que cette ville était occupée par les Grecs.

Bien que nous n'ayions pu trouver nulle part la confirmation de cette légende, cette concordance homonymique donne un semblant de vraisemblance à cette origine du nom moderne de l'île de Djerba, dont nous allons maintenant étudier la géographie physique et politique.

PREMIÈRE PARTIE

GÉOGRAPHIE PHYSIQUE

CHAPITRE PREMIER

Situation, Contours, Limites.

L'île de Djerba *(voir pl.* 1) est située par 9° 10' de longitude est et 33° 49' de latitude nord, à la limite sud-est du golfe de Gabès, c'est-à-dire au sud-est de la petite Syrte antique.

Sa position nous est indiquée par Mela, qui donne environ 150 kilomètres de distance entre le cap Kaboudia et Djerba, et 111 à l'ouverture de la petite Syrte, mesurée entre Cercinna et Meninx.

Elle est séparée du continent par deux canaux : le canal oriental entre le Ras-Ech Chemmakh et la pointe de Bougal, où il a 5 kilomètres, va en se rétrécissant jusqu'à son extrémité intérieure, où il n'a plus que 2 kil. 700 m·

D'ailleurs, le groupe des îles Kaliates et d'autres îlots rocheux forment barrage dans presque toute sa largeur, tout en laissant cependant un chenal dont la profondeur, de 4 mètres à l'est, n'atteint pas 1 mètre à l'ouest vers l'entrée du bassin intérieur.

Deux passages, à marée basse, permettent de communiquer avec le continent : l'un part de Tarbella, mais demande une grande connaissance du chemin à suivre ; l'autre, appelé par les Arabes « Trick-ed-Djemel » (chemin des chameaux) et qui n'est autre que le Pons-Zitha des itinéraires antiques, part d'El-Kantara.

Les quelques blocages restants ont permis de retrouver là l'existence certaine d'une ancienne chaussée avec pont-levis. C'est, paraît-il, le chemin que suivaient les Arabes du continent, pour emmener les chameaux qu'ils venaient de piller aux Djerbiens.

Le canal occidental, dont la profondeur varie de 3 à 22 mètres, n'offre à son tour qu'un chenal très étroit, qui est bordé du côté du continent par des escarpements assez élevés.

Les dimensions de ces deux canaux, qui ne permettent donc la navigation qu'à des bateaux d'un très faible tirant, ont, du reste, subi de sérieuses modifications depuis les temps antiques.

MM. Renou et Pomel nous ont appris, en effet, que le littoral méditerranéen, principalement de Djerba à Tripoli, avait subi une série d'affaissements depuis l'époque romaine, et ils appuient leur dire sur la présence des vestiges de constructions romaines et sur la disparition de l'île de Zirou d'Edrisi.

N'en trouvons-nous pas d'ailleurs encore d'autres preuves dans Pline, qui n'attribue que 200 pas de longueur au canal qui séparait Meninx du continent; dans les récits du Chikr Et-Tidjani qui traite de gué un canal que l'itinéraire du Stadiasme nous a donné comme navigable à l'époque punique; dans l'histoire du xviᵉ siècle enfin, qui nous a montré Dragut obligé de faire creuser ce gué pour pouvoir gagner avec ses galères la partie occidentale du détroit.

La forme de l'île est sensiblement quadrilatère : le côté nord, qui s'étend de Boudj-Djillidj au Ras Tagueness, a une longueur de 30 kilomètres ; les trois autres côtés (côté est du Ras-Tagueness à la pointe de Bougal ; côté sud fortement échancré de cette pointe au Ras-Adjim ; côté ouest du Ras-Adjim au Bordj-Djillidj), ont sensiblement la même longueur, qui est d'environ 22 kilomètres. L'île mesure d'autre part 30 kilomètres du nord au sud, et 32 de l'est à l'ouest.

Quant à sa circonférence, elle est d'environ 160 kilomètres, en suivant les sinuosités de la côte.

Ces dimensions sont beaucoup plus faibles que celles que lui attribuent les auteurs anciens ; nous trouvons, en effet, dans le Périple de Scylax, 300 stades de long sur 180 de large, et dans Pline : 25 milles de long sur 22 de large. Nous ne voulons pas parler d'Agathémer qui compte 600 stades sur 180, et qui selon toute apparence attribue à Meninx les dimensions de Cercinna.

N'y a-t-il pas lieu de chercher la cause de ces différences dans ce phénomène que nous signalions plus haut et relatif à l'affaissement du sol de l'île ?

De fait, les dimensions indiquées par les auteurs que nous venons de citer, correspondraient assez exactement à la ceinture des bas-fonds qui entourent les côtes de l'île, tout en reproduisant aussi exactement les contours.

Nous retrouverions ainsi la Meninx antique.

Aspect.

L'île de Djerba est très basse et ressemble à une vaste oasis de palmiers émergeant du sein des eaux. Le grand nombre de koubas qui y ont été successivement construites à la mémoire des hommes illustres ou vénérés, dont les dômes blancs sont autant de petites taches sur cette grande nappe verdoyante, lui donne un cachet que nous n'avons rencontré chez aucune autre ville de la Tunisie.

Relief du Sol.

Comme nous venons de le dire, l'île est généralement plate ; seules, quelques chaînes de collines, dont l'altitude ne dépasse pas une trentaine de mètres, viennent rompre, dans la partie centrale, l'uniformité de la surface.

Cours d'Eau.

Un seul cours d'eau, le *Daret-Adlun*, qui a son embouchure à Daret-Adlun, se dirige de l'est à l'ouest, et va se jeter dans la mer, sur la côte ouest.

De plus, à l'époque des pluies, quelques ruisseaux se forment et viennent aider au labour et à l'arrosage des jardins.

Villes et Villages.

Peu de centres réellement importants, mais plutôt un certain nombre de groupes de maisons disséminés sur les différents points de l'île.

Le nom de ces groupes est composé d'un ou de plusieurs mots généralement précédés du mot Houmt (quartier, de houma, houmet).

Houmt-es-Souk (le quartier du marché), capitale de l'île *(v. pl.* 1 *et* 2) dans laquelle nous retrouvons évidemment la Girba de la table de Peutinger, la Gerra de Ptolémée et la Gurre de Ramon-Montaner.

L'indication de la table de Peutinger, qui place Girba au nord-ouest de l'île, alors que cette ville est devenue, vers 260, la nouvelle métropole, est confirmée par la liste des Eglises épiscopales, par la notice des dignités de l'empire d'Occident, et plus tard par les récits du Chikr Et-Tidjani.

Les tables de Ptolémée, qui placent Gerra au sud-ouest, par 30° 15' de longitude et 39° 15' de latitude, doivent ici, comme par toute la région syrtique, subir une correction qui ramène à l'emplacement d'Houmt-es-Souk. Cette ville, dont cet astronome seul fait mention, et qui a su, à cette époque, acquérir une importance suffisante pour détrôner l'ancienne capitale.

Un seul argument invoqué en faveur de l'emplacement non rectifié de Gerra, c'est la position presque identique de la ville d'Agira donnée par d'anciennes cartes italiennes ; mais doit-on avoir une grande confiance en ces géographes qui ont tranformé Bougal en Burgare et Sédouikèch en Zodaïca ?

Quant à la Gurre de Ramon-Montaner, on peut facilement l'identifier avec Houmt-es-Souk, car l'historien citant Marmol rapporte que le dernier épisode du combat décisif livré en 1310 par Corrado Lanza aux indigènes, fut la prise d'une citadelle qui avait été élevée « à l'endroit où était autrefois la ville de Gurre, » ville qui n'était qu'à une demi-heure du château bâti par Roger de Soria en 1284. Or, si la distance indiquée nous semble un peu forte, la construction du Bordj-el-Kébir nous paraît du moins répondre assez exactement à cette citation chronologique.

C'est donc sur l'emplacement de ces villes antiques qu'a été construite Houmt-es-Souk, mais les vestiges de l'antiquité ont complétement disparu.

On y a bien montré quelques urnes sépulcrales pleines encore d'ossements et de cendres; mais elles proviennent de Melita, et les quelques souvenirs et constructions que l'on y retrouve sont beaucoup plus récents.

Nous allons néanmoins les citer.

La Djemâa (mosquée) Tadjediha ou Djemâa Ed-Djedid, commencée au IXᵉ siècle par le gouverneur de l'île de Djerba, sur l'ordre de l'émir de Tehira. Abou-Messeouar-Fecil en construisit le Miherab, c'est-à-dire la niche placée dans la direction de la Mecque et où l'iman se place pour réciter les prières.

La Djemâa du Chikr, du XVIᵉ siècle, dont le miherab est l'œuvre du Chikr Salah-Es-Lemoumeni et qui n'a été achevée que plus tard, au moyen de dons, lorsque le Souk commença à prendre une plus grande extension.

Le Bordj-el-Kébir-el-Hassar (voir pl. 3 et 4), massive citadelle du XIIIᵉ siècle, à environ 1 kilomètre du Souk, avec tours, fossés et batterie et dont deux côtés sont baignés par la mer.

En assez mauvais état maintenant, il sert néanmoins de logement aux officiers de la compagnie détachée à Djerba, et dont le baraquement est à côté du Bordj.

Dans l'intérieur est enfermée, dans une kouba construite en son honneur, la dépouille mortelle de Rhazi-Mustapha, très vénéré par les musulmans, et dont le nom figure sur une plaque de marbre incrustée sous la voûte d'entrée.

Voici d'ailleurs la traduction de cette inscription, qui est évidemment relative à la construction de la citadelle.

« Au nom de Dieu clément et miséricordieux : que Dieu bénisse notre seigneur Mahammed et sa famille..... A été restauré ce..... béni par.... sur l'ordre de notre maître Soliman le Conquérant, par l'entremise du pacha Dragut, par les soins de l'honorable kaïd Rhazi-Mustapha-Bey, en l'année 968 [1] »

1. De l'Hégire lunaire.

Depuis l'occupation des roumis (blancs ou infidèles) cette Kouba est un peu délaissée.

Dans le Bordj encore, nous avons trouvé une autre preuve indiscutable du passage des Espagnols dans l'île. Ce sont cinq pièces de canon qu'une main sacrilège, après les avoir recouvertes de plâtre et de peinture, avait employées comme pilastres du petit belvédère placé devant la chambre que nous occupions au haut de la tour ronde.

Nous avouons avoir été assez embarrassé d'abord pour donner à ces pièces *(voir pl. 5)* leur vrai nom ; superficiellement, leur forme, qui rappelait absolument celle du fauconneau, devait les placer vers le commencement du XIIIe siècle ; cependant, la suppression des bourrelets de fer et l'adjonction de tourillons en faisaient une transformation des premiers fauconneaux applicable à l'artillerie de campagne, qui devait dater du XIIIe siècle.

Mais, alors que les fauconneaux étaient en fer forgé, les pièces devant lesquelles nous nous trouvions étaient en bronze, ce qui déplaçait totalement la question. En effet, les ordonnances royales qui ont réglementé la fabrication des pièces de bronze en Espagne, sont de 1609 et 1611, postérieures, par conséquent, à l'arrivée des Espagnols à Djerba.

Nous avons donc été porté à croire que ces pièces étaient d'un système mixte, tenant de l'ancien fauconneau et de la future couleuvrine, et qu'il y avait lieu de les faire remonter au commencement du XVIe siècle. C'est d'ailleurs l'époque où, avec Charles-Quint, l'Espagne prend la tête du mouvement militaire, et que l'artillerie en particulier reçoit une impulsion nouvelle.

A quelque distance du Bordj se trouve encore le Bordj-Rious (tour des Crânes), construit avec les têtes des Espagnols et rappelant la victoire remportée sur eux par les Arabes en 1560. Cette tour, qui avait 8 mètres de haut sur 2 mètres de base, ne fut détruite qu'en 1848, à la suite d'une pétition adressée au bey de Tunis par la colonie chrétienne de Djerba et remise à Son Altesse par le Père Giuseppe de Maria.

Un décret beylical en autorisa la démolition, et, dès le retour du Père Giuseppe, on se mit à l'œuvre, mais à peine les ouvriers avaient-ils commencé, que les Zouaoua les en empêchèrent en les menaçant de mort.

Un second décret du bey mit cependant les récalcitrants à la raison, et les ossements purent enfin être enterrés dans le cimetière catholique de Houmt-Souk, où ils sont recouverts maintenant d'une colonne de pierre.

Trois siècles plus tard, les Zouaoua devaient, du reste, prendre leur revanche en élevant à côté du Bordj-Rious un bordj fait avec les têtes de leurs ennemis alliés du Chikr-Ahmed. Il n'en reste d'ailleurs plus de traces, ces ossements ayant été enterrés quelques années plus tard par les soins d'Ahmed ben Moussa ben Djeboua.

Revenons maintenant à la ville même d'Houmt-Souk. Port principal de l'île, elle est en même temps la résidence des divers consuls ou agents consulaires, et du khalifat; c'est là aussi que se trouvent le palais du kaïd (Dar-el-Bey), le bureau des postes et télégraphes, les bureaux des Compagnies française et italienne de navigation, l'église catholique.

Elle a des Souks couverts assez vastes, où se vendent surtout les produits de l'industrie arabe. Le marché, qui se tient le lundi et le jeudi de chaque semaine, est le rendez-vous des indigènes venus de tous les points de l'île, et qui y apportent leurs légumes et leurs fruits. La veille de chacun de ces marchés, a lieu de midi au coucher du soleil, la vente et l'achat des étoffes de laine et des vêtements.

On a l'habitude de considérer comme dépendant pour ainsi dire d'Houmt-Souk: les deux Harates ou villages juifs, la *Hahara Kebira* (grande Hahara), à 1 kilomètre du Souk, et la *Hahara Srira* (petite Hahara), à environ 7 kilomètres

Ces deux quartiers présentent l'aspect habituel des quartiers juifs. Des ruelles étroites, dans lesquelles la perspective est sans profondeur et l'alignement un mythe.

Cela ne serait rien encore, s'il n'y avait partout des ordures et s'il ne s'en dégageait une odeur écœurante.

Eh bien, au milieu de ces ruelles, comme sur les places, on voit grouiller une foule de bêtes et de gens qui ne paraissent point se douter que les choses pourraient être autrement. Nous avons éprouvé une bien singulière impression en voyant circuler à côté de gens de tout âge, couverts de vêtements sordides, mais d'où s'échappent encore des scintillements d'or et d'argent, des juives resplendissantes au contraire dans leur seroual et leur farmla, et sous leur kuffia en soie de couleur brodée d'or et d'argent. Elles vont lentement, il est vrai, portant à la sueur de leur front le faix de leur embonpoint A quelques exceptions près, bien entendu, nous avons attribué ce minable aspect au sentiment qui, croyons-nous, guide dans ces pays le cœur de tout bon fils de Jacob, à savoir que des dehors extérieurs aussi misérables ne sauraient attirer sur eux l'envie du voisin.

Et pourtant, il faut bien le reconnaître, ces mêmes fils de Jacob ont, en affaires, un flair et une intelligence incroyables. Méprisés des Arabes, qui les considèrent comme la source de tous leurs malheurs, ils savent, ce qui n'est cependant pas chose facile, leur arracher jusqu'à leur dernier douro.

Les deux Harates ont un marché qui se tient le vendredi de chaque semaine. Une des principales industries est la confection de bijoux arabes.

Bordj-el-Kantara, qui doit être la Meninx de Pline, de Ptolémée, du Stadiasme, du Periple, et qui, par suite, a dû être la capitale de la Meninx antique.

Pline nous apprend que Meninx était située dans la partie de l'île qui regarde l'Afrique ; cette ville devait donc être au sud. De plus, en faisant subir la correction dont nous parlions plus haut à l'indication de Ptolémée. qui place Meninx par 31° 20' et 39° 30', à 15 minutes. soit 18 milles 3/4 de Gerra, et en remarquant que la plus grande largeur donnée à l'île par Pline ne dépasse pas 22 milles, il est présumable que les ruines de Meninx viennent bien correspondre à Henchir el Kantara, situé un peu au N.-E. d'El-Kantara.

Le Stadiasme lui-même nous donne des indications très précises, et les distances de 150 stades entre Meninx et Zerzis (Zarzis), de 200 stades entre Meninx et Gigthis (Sidi-Salem-Bou-Ghrara). évaluées par lui. sont exactement celles qui existent entre Bordj-el-Kantara et les deux points cités.

La table de Peutinger cite quatre villes : Girba, Tipasa, Haribus et Uchium. Nous avons vu qu'elle était l'origine de Girba ; nous verrons que Tipasa et Haribus en ont une non moins certaine. On est donc en droit d'adopter l'opinion qui a fait d'Uchium une transcription barbare de celle de Meninx. d'autant qu'il est inadmissible que la table de Peutinger, qui cite des points de moindre importance et qui parle de la nouvelle métropole, n'ait pas au moins mentionné l'ancienne.

Les seuls ennemis de ces assertions sont : Barth. qui identifie Meninx à

Houmt-Souk ; Müller, qui l'assimile à Port-Saggia, et Smith, qui la placé près d'Houmt-Souk. Ces insinuations sont sans importance et sont vite réduites à néant par la logique et le calcul.

Les ruines de l'ancienne cité, qui n'ont pas moins de 5 kilomètres de pourtour, ne laissent aucun doute à cet égard. Il ne reste malheureusement plus guère debout que quelques parties du mur d'enceinte dont on retrouve à peu près toutes les fondations. Toutefois, on distingue encore un bordj de construction romaine, les vestiges d'un bain et plusieurs vastes citernes assez bien conservées : puis, le long de la mer, sur des monticules factices, provenant de décombres accumulés, les débris de quelques beaux édifices sacrés ou profanes, dont on ne constate plus l'existence que par des fragments de colonnes, de frises, de chapiteaux, d'entablements, de mosaïques, de statues mutilées, mais qui tous appartiennent à la meilleure époque de l'art romain.

Nombre de fouilles ont été faites depuis plusieurs années sur tous les points de l'Henchir et en particulier par les Anglais, qui, il y a une trentaine d'années, en ont enlevé ce qu'il y avait de plus précieux.

Les diverses missions scientifiques qui sont venues ensuite l'explorer n'ont plus retrouvé que quelques statuettes

Nous en avons retrouvé aussi chez l'hospitalier caïd Si Saïd ben Aïed de beaux fragments qui ont servi à la construction de son palais de Houmt-Cedrien.

Meninx avait plusieurs petites criques qui lui servaient de ports. Près du Bordj[1], on distingue encore assez loin dans les flots la chaussée (le pons Zitha) qui rejoignait l'île au continent. Au milieu du détroit est un îlot sur lequel on a construit un deuxième fortin appelé Bordj-el-Bab. Un peu plus loin, un autre fortin appelé Bordj-Truk-ed-Djemel (le fort du chemin des chameaux), dont le nom n'a pas besoin d'explications. Nous avons d'ailleurs déjà parlé de ces communications avec le continent.

D'après ce qui précède, qu'y a-t-il d'étonnant à ce que les Arabes aient donné à cette ville le nom d'El-Kantara qui veut dire : le pont ?

Le port d'El-Kantara fait le commerce avec Zarzis et sert principalement aux voyageurs entre l'île et le continent, dont il est séparé d'environ 6 kilo-

(1) Bâti par l'ordre d'Ali Pacha ben Mohammed ben Ali El-Tourki, en 1772.

mètres.

Houmt-Adjin, que nous devons assimiler au Tipasa de la table de Peutinger.

Le sens de ce mot phénicien, tipsah (transitus), indique en effet que la ville qui le porte était sur un point de passage.

Puisque ce n'est ni Meninx, ni El-Kantara, ce ne peut être qu'Houmt-Adjin, situé à la pointe S.-O. de Djerba, en face de Tarf-el-Djerf, qui est précisément le point où les caravanes, arrivant de Gabès (Tacape), traversent le canal qui sépare Djerba du continent.

Le port est à 2 kilomètres de la ville et à 22 de Houmt-Souk. Il est entouré de pêcheries ; il sert au commerce du sud avec Gabès. Le Bordj-el-Marsa, qui est en très mauvais état, le défend.

A 2 kilomètres, à droite de ce bordj, est la guérite et le point d'atterrissement de la ligne télégraphique Djerba-Gabès.

. *Gallala* (Kelala, dont le kaf a été adouci, de *k'lal,* pluriel de *k'olla, jarre*), célèbre par l'industrie qui lui a donné son nom. Il n'est pas difficile d'établir la concordance de Gallala avec l'Haribus de la table de Peutinger.

Remarquons pour cela, avec les commentateurs, que Hares, féminin pluriel, ou Haribus à l'un des cas obliques, n'est autre chose que le radical sémitique *heres* ou *testa, vas testaceum,* qui signifie *jarres, poteries.* Remarquons encore que la position assignée à cette ville par la table entre Meninx et Tipasa, correspond exactement à celle de Gallala entre El-Kantara et Adjim.

Rien de plus curieux que l'aspect de ce village assez riche, mais où l'on voit partout de vraies colonnes de jarres, des clôtures faites exclusivement de pots de formes et de dimensions différentes.

Puis, de tous côtés, des espèces de grottes souterraines.

Ce sont les ateliers de notre ami Salah ben Tunzi, plus connu par les officiers sous le nom de « Père Gargoulette ».

L'argile qui abonde dans les environs du village subit la même préparation que dans les tuileries européennes, et devient, après avoir passé au tour, appareil des plus primitifs, des jarres, des plats, des gargoulettes, des darboukas, etc...., qui sont pour la plupart exportés. Ajoutons que la couche superficielle est enduite d'eau de mer, ce qui donne aux produits de Gallala cette couleur blanchâtre qui leur est particulière. Un petit port sert à l'écoulement de ses produits.

Henchir Borgo, que nous ne citons que parce qu'il doit être le Thoar Troar ou Troïar de Pline. La seule indication qu'en donne du reste cet auteur, est qu'il est situé du côté opposé à Meninx. Or, à 3 kilomètres au S.-E. de Houmt-Cedrien, sont les ruines d'une ville antique complétement détruite.

Elle s'étend jusqu'au bout de la mer : une petite anse lui servait de port. L'emplacement qu'elle occupait porte encore aujourd'hui le nom de « Ruines du Bourg ».

On le désigne également sous le nom de Nasaft. Une quantité de débris jonchent le sol ; seul, un petit pan de mur reste debout. Il est bâti avec de magnifiques blocs parfaitement appareillés et qui paraissent dater de la meilleure époque de l'architecture romaine.

Melita, petit village sur le bord de la mer, à 14 kilomètres au S.-O. du Souk. Il a conservé son nom antique et tout d'origine phénicienne « Melita-Effugium ». Nous avons vu qu'on y avait trouvé des urnes sépulcrales.

Rhabat Taorit (jardins de Taorit), à 3 kilomètres à l'Est de Cédouikèche. Restes d'une petite ville antique entièrement détruite. Du sein de ses décombres sort un monument carré mesurant 8 mètres sur chaque face, également en ruines. Cet édifice construit avec de belles pierres de taille, dont les assises sont un peu en retrait les unes sur les autres, paraît avoir été un ancien mausolée. L'ouverture de la partie supérieure permet de voir à l'intérieur 8 niches destinées sans doute à recevoir des urnes funéraires. Dans le pays, cet enchir est surnommé *Dar-er-Roula* (palais de la magicienne ou de l'ogresse), et est l'objet de bizarres légendes.

Thala, à 3 kilomètres au Sud. Quelques débris d'un village antique. Les indigènes y vénèrent un Marabout en l'honneur duquel ils viennent, à diverses époques, arborer des petits drapeaux auprès d'un bouquet d'oliviers voisin.

Citons encore comme plus importants que les derniers dont nous avons parlé, mais sans intérêt historique.

Aghir, petit port en face de Ras-el-Marmor (cap de Zarzis), et par lequel se fait le commerce de l'île avec Zarzis. — Vieux Bordj à 1 kilomètre à droite, guérite et point d'atterrissement du câble de Gabès.

Houmt-Cedrien, *Midum*, sur la côte Est, avec un marché tous les vendredis, *Mezrane*, à l'Ouest, avec un marché tous les mardis, *Cédofikiche*, avec un marché tous les jours.

Ports.

Ce n'est que pour mémoire que nous citerons leurs noms dont nous avons déjà donné les plus importants. Le principal est, nous l'avons vu, celui de Houmt-Souk ; nous n'insisterons donc davantage sur lui et sur les difficultés qu'il offre à la navigation.

La région des Syrtes, et la petite Syrte en particulier, dont Djerba peut être considérée comme faisant partie, ont eu, dès les temps les plus reculés, une réputation des plus désastreuses au point de vue de la navigation.

Certes, la défiance punique qui voulait ainsi en éloigner les incursions, n'avait pas peu contribué à grossir cette réputation, et il est évident que tout navire qui se hasardait ne se jetait pas « dans un gouffre où il courait à une perte inévitable ». Strabon, puis le Stadiasme ont un peu détruit par la suite cette terrible légende, en indiquant les moyens d'éviter les dangers qu'offrait cette région.

Il n'en est pas moins vrai que la petite Syrte présente de sérieuses difficultés hydrographiques, et que les bancs de sable laissés à sec par le reflux, les canaux étroits et tortueux des bas-fonds, qui ont valu à Djerba le surnom de Brakeïon, ne sont rien moins que favorables aux navigateurs ; aussi les bateaux d'un fort tirant sont-ils obligés de s'arrêter à 4, 5 et jusqu'à 7 kilomètres du port. D'autre part, et nous avons vu à notre grand désespoir, le cas se présenter plusieurs fois, la mer devient parfois si agitée et si mauvaise, qu'il devient impossible à ces mêmes bateaux de s'arrêter sur plusieurs points de la côte tunisienne et en particulier à Djerba.

Le port d'*Houmt-Souk*, se trouve sur la ligne suivie par les paquebots français et italiens chargés du courrier et du transport des voyageurs et des marchandises. Il est un de leurs points d'arrêt et se trouve à 45 milles de Gabès (direction E.) et à 138 milles de Tripoli (direction S.-E.). Il sert à l'écoulement des produits de l'île qui ne sont pas portés par des mahonnes sur les côtes de Tunisie ou d'Algérie, à Malte ou en Sicile.

Les voyageurs et les marchandises qui n'arrivent pas au moment où les bateaux font escale doivent les attendre sur un ponton placé à environ 7 kilomètres du port par les soins de la Compagnie générale Transatlantique. Au point où est amarré ce ponton, il y a 6^m18 d'eau à marée basse et 7^m38 à marée haute. On voit donc que la différence entre ces deux marées est d'environ 1^m20.

L'an dernier. M. Martin, ingénieur hydrographe, après visite minutieuse et mesures prises, a proposé l'établissement d'un phare au sommet de la tour centrale de Bordj-el-Kébir. Nous ne savons quelle suite sera donnée à ce projet, mais nous constaterons seulement que la Tunisie est dépourvue de cet élément si précieux aux navigateurs.

Les autres ports de Djerba ont une importance beaucoup moindre, puisque les grands bateaux ne peuvent s'y arrêter. Seules, les mahonnes peuvent, à certaines heures de la journée, s'approcher pour recevoir leurs chargements. Elles servent surtout à transporter les huiles et les jarres ou gargoulettes de Gallala. Conduites par quelques hommes, quelquefois par le reis (capitaine) seul, on les voit suivre les côtes, poussées par le vent, lorsqu'il veut bien gonfler leurs voiles et aller ainsi jusqu'à Philippeville. Si le vent n'est pas favorable, on fait en dix jours parfois le trajet que l'on aurait pu faire en une demi-journée ; mais qu'importe !

Le traité est toujours à forfait !

Nous avons vu plus haut que ces ports étaient : *Adjim* et *El-Kantara* au sud, *Aghir* au S.-E., *Djillidj* au N.-O., la *Sekia* et *Marsa de Teffah* sur la côte E.

Système défensif de l'Ile.

Nous n'avons certes pas l'intention de faire ici une théorie sur la défense des côtes de Djerba, car cela sortirait absolument de notre domaine. Nous voulons simplement énoncer les bordjs (forts, châteaux fortifiés) qui ont été jetés successivement sur la côte djerbienne. Ils pouvaient avoir autrefois leur raison d'être ; mais leur état de parfait délabrement ne doit plus guère leur laisser de prétention aujourd'hui. Ce sont :

Au N., le *Bordj-el-Kebir-el-Hassar* ; au N.-O., le *Bordj-Djillidj* [1], bâti en 1733 par Hamouda-Pacha, et où existait autrefois un semblant de phare ; à l'O., le *Bordj-el-Marsa-Adjim* ; au S., le *Bordj-el-Marsa-Gallala*, *Bordj-Tarbella*, *Bordj-Truk-ed-Djemel*, *Bordj-el-Bab*, *Bordj-el-Kantara* et *Bordj-Castille* ; à l'E., *Bordj-el-Aghir* et deux batteries.

(1) Bâti en 1733 par l'ordre d'Ali Pacha ben Mohammed Ali Et-Tourki. Achevé en 1791 par l'émir très élevé Hammouda Pacha ben Ali ben Ahsen ben Ali Et-Tourki.

CHAPITRE II

PRODUITS

Climat.

Quoique Djerba soit placée dans la zône tempérée, comme elle est à moins de 12° du tropique, que d'autre part sa température moyenne est de 30 à 35° en été et de 10 à 15° en hiver, son climat doit être classé parmi les climats chauds ou plutôt parmi les climats chauds humides, puisque l'atmosphère y est constamment saturée de vapeur d'eau.

Les saisons se subdivisent à peu près de la façon suivante : le printemps, de février à avril ; l'été, d'avril à septembre ; l'automne, de septembre à décembre, et l'hiver, de décembre à février.

Sol.

Bien que, comme nous l'avons dit, aucun cours d'eau ne l'arrose, en temps ordinaire, le sol de l'île, partout sec et sablonneux, sauf sur la côte ouest, où il est caillouteux, n'en est pas moins d'une très grande fécondité.

Célébrée dès la plus haute antiquité, nous voyons cette fécondité faire de Djerba le territoire le plus agréable des côtes de l'Afrique septentrionale, ou « le jardin de la Tunisie, » dans lequel palmiers, oliviers, arbres fruitiers, rivalisent de beauté et de richesse.

Pline nous dit, dans son *Histoire naturelle :* « Là sous un palmier très élevé, croît un olivier, sous l'olivier un figuier, sous le figuier un grenadier, sous le grenadier la vigne, sous la vigne on sème le blé et l'orge, puis des légumes, puis des herbes potagères, tous dans la même année, tous s'élevant à l'ombre les uns des autres. »

Le Chikr Et-Tidjani s'extasie sur les jardins de Djerba, et en particulier sur les pommiers « dont les fruits incomparables étaient offerts par les chrétiens à leurs souverains. »

Sans partager d'une façon absolue l'enthousiasme de ces descriptions, nous aurions mauvaise grâce à ne pas reconnaître que nous avons vu peu de territoires aussi fertiles dans toute la Tunisie ; mais il faut en attribuer une grande part au travail constant des habitants qui, sans déployer encore l'intelligence et l'activité des colons européens, n'en sont pas moins beaucoup plus laborieux que ne le sont d'ordinaire les Maures et les Arabes.

FLORE

Minéraux.

Pas ou presque pas, seule la *pierre calcaire* domine dans l'intérieur de l'île, à Midoun, à Cédonikèche, à Cedrien. Beaucoup d'*argile* aux environs de Gallala, du *tuf* et de la *pierre tendre* au nord et à Tarbella, analogue au tuf de Carthage, qui se délite très rapidement sous l'action des vents de mer succédant à des températures élevées.

Pas de carrières de marbre. Celui que l'on voit dans les monuments ou constructions particulières, appartient à diverses espèces et provient des ruines anciennes, pour l'édification desquelles il avait été certainement importé.

Végétaux.

Par d'*arbres forestiers* à proprement parler ; quant aux *arbres fruitiers*, ils abondent.

Donnons, avec Columelle, le premier rang à l'*olivier*, qui, certes, n'est pas d'aujourd'hui une des principales sources de richesse de l'île, puisque la ville de Zitha et le Pons-Zitha, dont nous avons déjà parlé, ont dû certainement leur nom à cet arbre.

Les plus beaux et en plus grand nombre se trouvent dans les environs de Cedrien et de Cédonikèche ; ce sont eux aussi qui fournissent la meilleure qualité d'huile.

La récolte des olives a lieu en décembre ; l'huile s'extrait au moyen de moulins et de pressoirs très grossiers, dont l'ensemble porte le nom de *mraßa*.

Le rendement annuel est de 80,000 (récolte moyenne) à 150,000 (très bonne récolte) métaux tunisiens [1] valant de 16 à 17 piastres [2] le métal.

Les impôts sont de 8 % ; les principaux débouchés : Marseille et Gênes.

Les *palmiers* y croissent aussi en grand nombre, mais ne produisent que des dattes d'assez mauvaise qualité, qui servent à la nourriture des indigènes et ne sont pas exportées, ou du moins en très petite quantité. Nous croyons voir dans le *caryotis* (de *karos, tête*) de Pline le *boukha* ou boisson très alcoolique et très capiteuse que fabriquent encore aujourd'hui les Juifs avec les dattes fermentées et dont le goût est analogue à celui de l'anisette. Cette boisson n'a d'ailleurs rien de commun avec le *lagmi* fabriqué par les Arabes, et dont nous ne retrouvons aucune trace dans les textes anciens.

Le lagmi se fait au printemps et pendant une partie de l'été. La couronne supérieure du tronc étant débarrassée de ses feuilles, l'on y creuse une espèce de petit bassin dans lequel on place un tuyau. Il en découle bientôt de la sève qui vient tomber goutte à goutte dans une gargoulette préalablement suspendue au tuyau. Ce liquide, d'aspect laiteux, est très doux pendant une demi-journée ; il est alors très agréable à boire ; mais il s'aigrit bientôt, entre en fermentation, devient très alcoolique, partant très dangereux pour la tête du sobre Djerbien.

Il arrive souvent qu'un palmier à qui on a ainsi enlevé sa sève meurt ; mais, contrairement à l'avis de M. Tissot, beaucoup résistent. Il en est

---

(1) Le métal tunisien pèse 18 kg et le métal djerbien 36.
(2) La piastre ou réal d'argent vaut rigoureusement 0 fr. 60.

même qui ont supporté cinq ou six fois cette opération.

Il importe de remarquer que si le fruit du palmier de cette contrée n'est pas bon, du moins chacune de ses parties est utilisée : le tronc, comme bois de construction et comme combustible ; les feuilles et les branches qui supportent les régimes pour la confection de nattes, de chapeaux, de cordes de couffins [1]. Comme on le voit, ainsi que les habitants de l'Afrique, les Djerbiens ont conservé les traditions que nous rapportent les anciens.

Pline nous dit, en effet : « Nunc ad funes vitiliumque nexus, et capitum levia umbracula finduntur. » Et Ferrand, dans sa *Vie de Fulgence*, nous montre ce saint charmant les loisirs de sa retraite : « Ex palmarum foliis, flabellas contexebat. »

On trouve aussi dans l'île :

Des *grenadiers*, dont les fruits, de bonne qualité, servent à la consommation locale, et dont une petite quantité est envoyée à Malte et en Sicile. Avec l'écorce, on fabrique la couleur jaune qui sert à teindre les savates arabes.

Des *figuiers*, mais en petit nombre. Pas d'exportation. Néanmoins, de même que l'olivier, cet arbre est en honneur chez le musulman. Cette invocation de Mahomet [2] : « J'en jure par le figuier et par l'olivier, » en fait foi.

Des *orangers* en assez grande quantité. Le territoire de Cedrien donne les meilleures oranges, quelques mandarines. Peu d'exportation.

Des *amandiers* en assez grand nombre, mais dont les fruits sont presque tous réservés à l'exportation.

Des *pommiers*, des *poiriers*, des *pêchers*, des *abricotiers*, etc., qui, certes, produisent d'assez bons fruits, mais pour lesquels nous ne partageons pas l'admiration du Chikr Et-Tidjani.

Encore moins la partageons-nous pour les *plantes potagères*. Il est incontestable que, sous ce rapport, Djerba est mieux partagée que la plupart des points de la Tunisie ; mais sur beaucoup de ces points aussi, nous avons vu des légumes plus beaux et meilleurs que dans l'île. Nous croyons donc que la réputation, si justifiée d'ailleurs, du pays qui nous occupe, doit du moins subir cette restriction.

(1) Paniers tressés, très souples ; on en fait de toutes dimensions.
(2) Koran, chap. XCV, verset 1.

Des *céréales :* peu de blé et quelques champs d'orge, mais dont la récolte est tout-à-fait insuffisante pour la consommation locale. Elle est, en effet, de 5,000 caffis, tandis que la récolte, qui se fait en juin, n'en produit que 300. L'excédent est importé du Sahel.

Quant à la culture proprement dite, peu de progrès réalisés, et les instruments employés aujourd'hui sont à peu près les mêmes que ceux décrits si longuement par Pline, Magon, Columelle, Varron, Servius, Virgile et tant d'autres.

De même, en effet, que nous retrouvons sensiblement dans les instruments actuels l'antique charrue et l'antique faucille *(falx, messoria,* ou *stramentoria)* pour labourer les champs et couper les épis, de même nous voyons aussi le dépiquage s'opérer encore au moyen du *tribulum.*

Nous avouons cependant n'avoir pas vu d'Arabes, suivant les traditions lybiennes, atteler au même joug son âne et sa femme. Pouvons-nous rechercher, dans la disparition de cette coutume rapportée par Pline, une preuve de civilisation ?

Réduite en farine, l'orge sert de nourriture à presque toute la population indigène. Le procédé employé pour obtenir cette transformation est aussi très primitif : deux pierres[1] dont l'une est mise en mouvement par un chameau ou un mulet

Les impôts sont de 8 %.

La *vigne* enfin, qui est cultivée sur une certaine étendue du territoire, et qui, selon toute apparence et si l'on en croit Pline, Columelle, Strabon, Magon, etc , y a été importée par les premières émigrations phéniciennes.

Ces mêmes auteurs décrivent complaisamment les moyens alors en usage pour cultiver la vigne et faire le vin. Ils nous apprennent que les crûs de la région syrtique étaient fort appréciés à Rome, où l'empereur Tibère les avait mis à la mode. Pline nous raconte même que ces vins étaient traités au plâtre, et, dans certains endroits, avec de la chaux. Ce précédent suffira-t-il pour réhabiliter les marchands et fabricants de maintenant ?

D'ailleurs, ces procédés, dont nous ne pouvons plus accuser le progrès, ne sont pas, soit dit à leur honneur, employés par les viticulteurs de Djerba.

La moitié de la récolte, en effet, qui se fait en juin, juillet et août, est, au

____

[1] Affectant la forme de meules.

fur à mesure, consommée comme raisins de table, et nous avouons nous être souvent régalés avec ces excellents muscats et chasselas. L'autre moitié est transformée en vin ou *ascir* (le mot *ascir* signifie en arabe *pressé*). Ce vin, de goût agréable, se conserve de neuf mois à un an. Il est tout entier consommé sur place, et a maintes fois (qu'Allah nous pardonne!) conduit traîtreusement maint Arabe dans les *vignes de Mahomet* [1]. Son prix moyen est de 13 caroubes (0,50 le litre).

Nous avons voulu réserver pour la fin de cette étude de la flore djerbienne cette plante qui a donné son nom à toute une région; qui a été l'objet de tant de discussions pour les savants et les naturalistes, et sur laquelle l'on n'est pas encore bien d'accord actuellement. Nous avons nommé le *lotos*.

Comme cette question est, avant tout, intéressante dans l'histoire de Djerba, nous emprunterons, pour les rapporter ici, les diverses opinions qui ont été émises à son sujet par les divers auteurs.

D'après le Périple de Scylax, il y a deux espèces de lotos : l'on mange l'une ; avec l'autre on fait du vin.

D'après Hérodote, le lotos est gros comme une baie de lentisque et a une saveur analogue à celle de la datte.

D'après Théophraste, le lotos est un arbre un peu moins grand que le poirier, son bois est noir, sa feuille ressemble à celle de l'yeuse; son fruit, gros comme une fève, change de couleur comme le raisin, à mesure qu'il murit. Il pousse serré sur les rameaux comme les baies de myrthe.

Celui que mangent les Lotophages est doux et agréable. Il n'est pas nuisible à la santé et il favorise même la digestion. La variété la plus savoureuse est celle qui n'a pas de noyau ; on en fait aussi du vin. Le lotos croit en abondance et donne beaucoup de fruits.

---

(1) L'on sait que la loi de Mahomet interdit aux musulmans de boire du vin. Nous n'avons cependant pas trouvé dans le Koran cette interdiction absolue. Voici d'ailleurs les passages y relatifs: Koran, chap. II, verset 216 : « Ils t'interrogeront sur le vin et le jeu. Dis-leur: dans l'un comme dans l'autre, il y a du mal et des avantages pour les hommes, mais le mal l'emporte sur les avantages. » — Koran, chap. V, verset 92 : « O croyants! le vin, les jeux de hasard, les statues et le sort des flèches sont une abomination inventée par Satan. Abstenez-vous-en et vous serez heureux. »

Quant au dernier passage, il est absolument contradictoire.

Koran, chap. XLVII, verset 16 : « Voici le tableau du paradis qui a été promis aux hommes pieux : des ruisseaux dont l'eau ne se gâte jamais; des ruisseaux de lait dont le goût ne s'altérera jamais ; des ruisseaux de vin, délices de ceux qui en boiront. »

D'après Polybe, le lotos est un arbrisseau rude et armé d'épines, les feuilles sont petites, vertes et semblables à celles du rhamnus ; les fruits encore tendres ressemblent aux baies du myrthe ; lorqu'ils sont mûrs, ils prennent une couleur rousse ; ils égalent alors en grosseur les olives rondes et renferment un noyau osseux. Lorsque les fruits sont mûrs, les Lotophages les cueillent, les écrasent et les renferment dans des vases.

On les mange ainsi préparés. Leur saveur approche des figues ou des dattes. On en fait aussi une sorte de vin en les mêlant avec de l'eau. Cette liqueur est très bonne, mais elle ne se conserve pas au-delà de dix jours ; aussi n'en prépare-t-on que la quantité nécessaire. On fait également du vinaigre avec les fruits du lotos.

D'après l'*Histoire naturelle* de Pline, dont la description présente de nombreuses analogies avec celle de Théophraste, légèrement modifiée par quelques détails empruntés à Cornelius Nepos, le lotos n'est autre que le micocoulier ou *celtis australis*. Il est naturalisé dans l'Italie, mais le terrain l'y a modifié. Les plus beaux lotos croissent dans la région des Syrtes et chez les Nasamons. Sa feuille a de nombreuses découpures comme celle de l'yeuse ; il y en a plusieurs espèces, et ce sont surtout les fruits qui les caractérisent. Le fruit a la grosseur d'une fève, la couleur du safran ; mais, avant la maturité, cette couleur varie incessamment comme dans le raisin. Il vient très serré sur les branches comme les baies du myrthe. et non pas, ce qui a lieu en Italie, comme les cerises. Dans le pays dont il est originaire, le lotos est tellement doux qu'une nation et une contrée en ont pris leur nom, et que les étrangers, séduits par ce fruit hospitalier, oublient leur patrie (chant IX de l'*Odyssée*). On dit que ceux qui en mangent n'éprouvent pas de maladie de ventre La variété qui n'a pas de noyau intérieur est meilleure que celle qui en a un. On en extrait un vin semblable au vin miellé qui ne se garde pas au-delà de dix jours. Les baies du lotos hachées avec de l'alica (épeautre ou bouillie faite avec de l'épeautre) et mises dans des tonneaux, sont conservées pour la table.

Nous lisons même que les armées qui traversaient l'Afrique, dans un sens ou dans l'autre. s'en sont nourries. Le bois est de couleur noire. on le recherche pour les flûtes ; avec la racine, on fait des manches de couteaux et d'autres petits ustensiles.

Clusius et Shaw sont les premiers à voir dans le lotos une espèce de jujubier. Linné abonde dans ce sens en donnant à cette plante le nom de *rhamnus lotos.*

Peysonnel en fait une variété de jujubier sauvage très abondante sur les rivages de la petite Syrte. C'est, dit-il, un arbrisseau très rameux, d'environ 4 à 5 pieds de hauteur, qui, lorsqu'il a perdu ses feuilles, ne présente plus qu'un buisson composé de rameaux blancs, nombreux, fléchis en zigs-zags, très épineux, d'un aspect tout-à-fait sauvage. Les feuilles sont dures, petites, ovales, obtuses, légèrement dentées à trois nervures longitudinales, les pétales très courts, les fleurs petites, d'un blanc pâle, ramassées par paquets axillaires le long des rameaux. Les fruits sont globuleux, roussâtres à leur maturité, offrant sous une chair pulpeuse, d'une saveur agréable, un noyau globuleux à deux loges. Les fleurs paraissent au mois de mai, les fruits sont mûrs dans le mois d'août et septembre.

D'après Desfontaines, les habitants des bords de la petite Syrte recueillent encore les fruits de cet arbrisseau, les vendent sur les marchés, les mangent comme autrefois et en nourrissent même leurs troupeaux. Ils en font aussi une boisson en les broyant et en les mêlant dans de l'eau, exactement comme les Lotophages de l'antiquité se servaient du lotos. Ils donnent à l'arbuste le nom de *seder*, et assurent par tradition que les anciens habitants de l'île de Djerba faisaient de son fruit appelé *nabik* leur principale nourriture.

Le lotos a même sa place marquée dans le paradis de Mahomet. Le Koran nous apprend, en effet[1], que Mahomet a vu l'ange Gabriel « près du lotus de la limite [2], là où est le jardin du séjour éternel, » et que le lotus était tout masqué [3]. »

Sans doute, tous ces détails auraient dû fixer facilement l'opinion sur la plante dont il s'agit ; malheureusement, personne, pas plus que nous, n'a pu retrouver sur place ni plante ni arbuste portant ce nom de *lotos*. Aussi, cer-

---

[1] Koran, chap. LIII, versets 11, 15, 16.
[2] Il indique par là que le lotus sert de limite au paradis.
[3] La traduction littérale de ce texte est plutôt :
« Lorsque le lotus était couvert par ce qui le couvrait. »
On suppose que Mahomet, sans préciser ce qui couvrait cet arbre, a voulu dire par là que c'étaient des troupes d'anges qui masquaient le lotus de la limite.

tains naturalistes ont-ils imaginé d'assimiler le lotos au caroubier. Or, cette opinion est absolument inadmissible, car les branches, pas plus que les fruits du caroubier, ne ressemblent en rien aux descriptions que nous avons rappelées.

Aussi, croyons-nous, nous appuyant sur les recherches que nous avons faites dans le pays et nous basant sur les opinions dignes de foi de MM. Guyon, Guérin, Tissot, Letourneux et des membres des missions scientifiques, qui ont étudié de près la flore de Djerba, que le lotos n'est autre que le *nitraria tridentata*, et à qui les indigènes ont donné le nom de *damouch*, et cela bien que cette plante n'ait aujourd'hui ni l'importance ni les vertus multiples de l'antique lotos.

FAUNE

La faune de Djerba ne présente pas un grand intérêt.

Peu de *chevaux*, des *bœufs* qui sont importés, quelques *chèvres*, de nombreux troupeaux du *moutons* de race syrienne, dont la laine est un des moindres revenus de l'île.

Les seuls animaux dont on se sert pour les transports sont les *chameaux* à la sobriété légendaire, mais dont il faut souvent se garer pendant l'hiver, et dont la valeur moyenne est de 300 piastres, et le *bourricot*, animal précieux s'il en fût, en raison de son courage et de sa vigueur. Il se vend, du reste, plus cher que le cheval.

Pas d'animaux sauvages.

L'ornithologie n'a, non plus, que peu à recueillir : des oiseaux de passage, tels que *grives, étourneaux, cailles, tourterelles, perdrix*, etc., et, comme oiseaux aquatiques, *hirondelles de mer, goëlands, poules d'eau, flamants*, etc.

La mer qui entoure l'île nous donne, au contraire, une grande variété de *poissons* qui apportent aux indigènes, aux Maltais et aux Grecs une occupation sérieuse, en même temps qu'un bon revenu et une nourriture peu coûteuse, sans vouloir parler du mode assez curieux (simple branche de palmier) par lequel l'indigène prend le petit poisson sur le bord de la côte ;

nous devons montrer que le mode employé autrefois et rapporté par les anciens qui parlent des îles du littoral lybien « entouré de pieux » ne diffère pas du procédé actuel.

Il consiste simplement en madragues ou haies formées de branches de palmiers, dessinant des avenues et des chambres dans lesquelles le poisson, entrant à marée haute, ne peut plus sortir à marée basse ; il est alors pris facilement. Les pêcheries s'étendent surtout sur la côte E, de l'île et s'avancent à 4 ou 5 kilomètres en mer.

Une mention spéciale est due à l'*éponge*, dont Pline parle souvent, et à laquelle il attribue des vertus spéciales. « Imbibée d'oxicrat, elle résout les tumeurs. — Réduite en cendres et prise dans un mélange de suc de poireau et d'eau froide salée, elle est recommandée contre l'hémoptysie. — Pour certains usages médicaux, elle est préférée, à cause de sa dureté relative, aux éponges de Rhodes. »

Pour n'être pas employée à ces usages, l'éponge n'en est pas moins recherchée à Djerba par les pêcheurs maltais et grecs en particulier.

Deux époques chaque année sont favorables à la pêche : l'une en septembre ; l'autre, qui est la meilleure, de février à fin avril.

Elle se fait au moyen de lunettes et de tridents ; elle rapporte annuellement de 60 à 80,000 fr. Elle supporte un impôt de 31 piastres et 2 caroubes par 50 kilogr.

De Djerba, où elles subissent une première préparation, les éponges sont envoyées pour la majeure partie sur Paris, où elles deviennent nos belles et chères éponges du commerce.

La pêche du *poulpe* est aussi en grand honneur, vu son rapport. Le poulpe noué, salé, séché au soleil, est exporté en grande quantité sur les diverses partie de la Régence, à Malte et surtout en Grèce.

Nous ne voulons pas quitter la mer sans dire un mot du fuccus *saccharinus*, qui a, suivant un texte antique, sauvé de la faim les chevaux et les bêtes de somme des vétérans de César. Ce fuccus est une algue que l'on trouve en abondance sur la côte, et dont les tiges et les feuilles sont employées par les indigènes à la nourriture de leurs bestiaux.

Il porte même souvent une sorte de galle appelée olive de mer, qui n'est pas désagréable à manger.

Nous avions pensé qu'en raison des nombreuses fabriques de tissus de couleur, il y avait des coquillages purpurifères; mais nous n'avons pas trouvé de ces coquillages (pas plus que de plantes tinctoriales), et il nous a été répondu que toutes les matières destinées à la teinture venaient de Marseille, de Tripoli et de Constantinople.

Citons enfin le *scorpion*, cet attribut de l'Afrique personnifiée dans les monuments de l'époque romaine, et dont Pline a dit, dans son *Histoire naturelle :* « Hoc malum Africæ. »

Elien nous dépeint l'horreur que cet animal inspirait aux Lybiens, et nous raconte que, pour se préserver de sa piqûre, ils se chaussaient de doubles chaussures et ne se couchaient que dans des lits élevés, dont les pieds plongeaient dans des vases remplis d'eau.

Strabon parle même de scorpions ailés, et Pline d'insectes du même genre étendant leurs ailes et s'en servant comme de rames, emportés par le vent du midi.

Tout en reléguant ces fables dans le domaine qui leur convient, nous sommes obligé de constater que Djerba a le triste honneur d'avoir donné son nom à l'une des deux espèces de scorpions dont elle est affligée.

Le premier est fauve ou jaunâtre tirant sur le vert; il est long de 16 à 18 centimètres, et sa piqûre, si elle n'est pas mortelle, a toujours de graves conséquences.

Le second, dit *scorpion de Djerba*, qui est le plus dangereux, est de couleur noire et est un peu plus grand.

M. Tissot nous dit que la djemâa de chaque village, qui représente l'ordo du municipe antique, alloue une prime pour chaque scorpion tué, et qu'enfilés à une ficelle, les corps de ces redoutables articulés forment de longs chapelets disposés en guirlandes d'un tronc de palmier à l'autre.

Nous avouons, à notre grand regret, n'avoir pas vu, pendant tout notre séjour, ce spectacle qui nous eût certes fort réjoui.

Toujours est-il que le scorpion de Djerba a la réputation d'être des plus venimeux, que cette réputation s'étend non seulement en Tunisie, mais encore dans toute l'Algérie, et que nous en voyons la confirmation dans ce méchant souhait fait par les indigènes : « In challah yatike akreb Gerbi, » qui signifie : « Je souhaite que tu sois piqué par un scorpion de Djerba. »

CHAPITRE IV

Populations, Races et Langues.

La population se compose d'environ 32,000 habitants qui se décomposent en 10 Français, 80 Italiens, 300 Maltais, quelques Grecs et les indigènes.

L'origine de ces derniers varie, du reste, à l'infini : Maures, Arabes, Koulouglis, etc.; mais la majorité est d'origine berbère et mozabite, à qui l'on doit évidemment la colonisation de l'île.

De même race que les Kabyles du Djurjura et les Beni-Mzab du Sahara algérien, on les appelle aussi Kabyles de la Tunisie. Ils sont presque tous blonds ou châtains, et nous ne pouvons les mieux comparer qu'à nos races auvergnate, savoyarde et limousine.

Laborieux, assez intelligents, ils sont, à l'inverse de leurs frères d'Algérie et du Maroc, peu belliqueux et turbulents, et ils représentent certainement en Tunisie un des éléments les plus favorables à la France.

Dans leurs rapports avec les autorités tunisiennes, ils parlent la langue arabe; mais, entre eux, ils continuent à parler un berbère plus ou moins pur.

Quant aux Israélites, qui sont relativement nombreux, ils parlent généralement entre eux un hébreu très corrompu, et, dans leurs rapports avec les Européens, ce qu'on appelle la langue franque, c'est-à-dire un mélange hybride d'arabe, de français, d'italien et d'espagnol.

Industrie.

Nous avons déjà parlé des poteries de Djerba; nous n'y reviendrons donc pas.

Une des plus grandes sources de richesse est la confection des tissus de soie et de laine, qui lui a valu, dès les temps les plus reculés, une brillante réputation.

Pline leur assigne le premier rang en Afrique, et affirme qu'ils pouvaient même rivaliser avec ceux de Tyr.

Et pourtant ces tissus sont fabriqués un peu partout et avec des métiers bien primitifs et bien imparfaits.

Les burnous, dont on ne fait que l'étoffe de laine ou de soie, sont généralement envoyés à Tunis pour y être confectionnés.

Les couvertures en soie, rayées des couleurs les plus vives et les plus jolies, sont une spécialité qui justifie amplement l'admiration dont elles sont l'objet.

Enfin, à Houmt-Souk même, est une savonnerie appartenant à M. Giacomo Pariente.

Commerce.

L'exportation comprend :

Les poteries de Gallala ; les huiles, qui représentent un rendement annuel de 800,000 à 1,500,000 fr. et sont frappées d'un impôt de 8 %; les éponges, qui représentent un rendement annuel de 60 à 80,000 fr. et sont frappées d'un impôt d'environ 37 fr. 35 les 100 kilogr.; les tissus, qui représentent un rendement annuel de 800.000 fr. et sont frappés d'un impôt de 5 %.

L'importation comprend généralement tous les articles de fabrication européenne, mais principalement l'orge, qui est frappé d'un droit de 8 %.

Les voies et les lignes assurant le mouvement du commerce sont :

Voies de Communication.

Peu de routes, à proprement parler, carrossables ; le sable et les cailloux ne permettent jamais d'affirmer qu'on fera le voyage sans encombre. Ce serait encore une plus grande ironie que d'appeler carrossables les sentiers battus par les Maltais et par les Arabes.

Service par mer. Le service de correspondance et de transport des voyageurs et des marchandises est exécuté : 1º par la Compagnie générale Transatlantique française ; 2º par la Compagnie italienne Florio Rubattino.

Ces deux Compagnies desservent le service des postes français qui est installé depuis 1882 et qui dépend de la direction de Tunis.

Un service hebdomadaire à cheval est de plus établi entre Djerba et Zarzis.

Les lignes télégraphiques qui relient Djerba au continent sont les suivantes :

1º Une ligne aérienne de Djerba à Gabès, par Adjim, Tarf-el-Djerf et Metameur, construite en 1877 ;

2º Une ligne aérienne de Djerba à Aghir, se prolongeant par un câble sous-marin jusqu'à Zarzis ;

3º Un câble de Djerba à Gabès ;

4º Un câble de Djerba à Sfax, avec prolongement jusqu'à Sousse.

Du bureau d'Houmt-Souk, ces deux câbles réunis suivent une tranchée souterraine jusqu'à Si-Djemor, point d'atterrissement. De cette façon, Djerba, Gabès, Sfax et Sousse peuvent communiquer alternativement sans changer les communications. A Si-Djemour les câbles se séparent. Ils ont été posés en 1882 par une compagnie anglaise.

Nous voudrions voir ce système déjà très complet, sans doute, se compléter encore davantage par l'établissement d'un poste optique permettant de communiquer du Bordj-el-Kebir, par exemple, avec Gabès, par le poste de Metameur.

Si nous supposons, en effet, le cas très improbable d'un soulèvement ou d'une descente, le bureau civil du Souk est obligé de venir s'enfermer avec la garnison dans le Bordj. Si donc, les fils sont coupés et les guérites détruites, le poste peut rester pendant un temps assez long sans la moindre communication avec le continent.

Religion.

Culte catholique. Une église à Houmt-Souk, fondée en 1848 par le R. P. Gaetano Maria, de Ferrare, avec un prêtre de la mission de Saint-Vincent de Paul.

300 catholiques, français, italiens ou maltais.

Culte israélite. Divisé en Tounsi et Gourni ; chacune de ces sectes ayant sa synagogue et dépendant des consistoires spéciaux de Tunis.

Islamisme. Un certain nombre appartient à la secte des Sunnites, qui, avec le Koran, admettent aussi la tradition *(Sunna),* c'est-à-dire les sentences du Prophète, recueillies par ses disciples, et qui se subdivisent eux-mêmes en :

Hanefis, suivant les règles tracées par l'iman Abou-el-Maaman, et en Malekis, du nom de l'iman Malek.

Ces deux sectes ne sont séparées que par des questions de détail lithurgique.

Chacune d'elles a sa mosquée à Houmt-Souk.

Presque tous les indigènes de Djerba appartiennent à la secte des mohatélistes de l'école de Bou Ali Mohammed ben Abd el Ouah, connu sous le nom de khouammès ou quinquistes, parce qu'ils rejettent les quatre premiers khalifes. Les khouammès n'admettent pas la prédestination et déclarent que la foi sans les bonnes œuvres ne suffit pas... Le vrai khouammès doit ôter sa culotte pour prier.

Comme le catholicisme, l'islamisme a des associations religieuses ; la plus curieuse est celle des aïssaouas ou fils de Jésus (Aïssa), qui a été fondée il y a environ trois cents ans par le marabout marocain Mohammed ben Aïssa.

Nous nous souviendrons longtemps encore du spectacle étrange que nous ont donné deux cents de ces fanatisés venus au mois de septembre dernier en pèlerinage auprès d'un marabout de Djerba : à la couleur locale près, nous nous serions facilement cru devant quelque troupe foraine nous exhibant ses meilleurs sujets ; avaleurs de sabre ou mangeurs de viande crue, de scorpions, de feuilles de cactus et de serpents Nous devons dire aussi que le moins curieux de ce spectacle n'était pas l'admiratif ébahissement des bons Djerbiens qui assistaient en grand nombre à ces singulières séances et qui eussent été désolés d'ailleurs de trouver autre part que dans la magie l'explication de toutes ces pitreries.

Le chef du clergé musulman a le titre de Chikr-ul-Islam. Après lui, viennent les imans, les ulémas, les mollads et les muezzins, qui remplissent dans l'île l'exercice du culte dans 300 mosquées ou zaouias.

En dehors du clergé, il y a encore les marabouts, fanatiques ou illuminés, que les musulmans vénèrent et accablent de présents en nature et en argent, convaincus qu'ils ont la puissance de faire des miracles et de guérir souvent par des prières les maladies les plus rebelles. A leur mort, on leur élève des mausolées où l'on vient encore faire des prières.

L'île de Djerba est (qu'on nous pardonne l'expression!) pour ainsi dire pavée de ces espèces de tumulus. Pour ne pas rendre la planche Ire trop confuse, nous n'avons pu porter que quelques-uns de ces marabouts, mais les plus en honneur sont :

En partant d'Houmt-Souk, longeant la côte et se dirigeant vers l'est : Si Saïd, Si Smars, Dj. Ztettin, Si Achem, Si Sliman, Zella-Hadoua, Si Saraus, Si Ale. Dj. ben Hassen, Chebahia, Dj. Oursiren, Dj. Si Hiach, Dj. Messayer, Dj. Guallata, Ben Chikr, Dj. bou Bounous, Dj. bel Ammar, Si Ahmar, Si Tauzereck, Chikr Si Hiana, Si Djemour et Si Salem.

Dans l'intérieur de l'île : Si bou Crella, Dj. Tagouminis, Dj. Tachieda, Beni Aïklouf, Dj. Tlakin, Dj. Medrazin, Beni Daout, Bel Kassem, Dj. Tagudbar, Si Houbin, Si Giafsa, Dj. Mira, Si Zekri, Dj. el Kebir, Si Bellaoni, Si Bettain, Dj. Messen, Si Embarke, Taraons, Mokmak, Tieness, El Mai, Beni Direc, Oued Aama, Krechan, Si Mossa, Beni Maguent, Oued Rhen, Si Zid, O. Sbib, Dj. Barran, Dj. Chikr Abdallah, Kenença, Dj. bou Ismaïl, Dj. Zekri, Dj Berkous, Dj. ben Ahmar, Dj. Fouzir, Dj. ben Zeckri, Dj. Halloula, Dj. ben Ceka, Si Sanet, Dj. bou Cella, Dj. Terguera, Dj. Boukiere, Si Cuilfa, Dj el Haroha, etc.

Instruction.

En principe, les colonies et les différents cultes ont des écoles entièrement indépendantes de l'autorité locale.

Une petite école française à Houmt-Souk, tenue par trois sœurs de Saint-Joseph.

Les israélites et les indigènes ont chacun de petites écoles dirigées par des thalebs (savants); mais l'instruction secondaire n'est donnée qu'à Tunis.

Les Djerbiens conservent précieusement le souvenir des anciens neckaïrs (docteurs) qui, dès les premiers siècles, ont habité l'île ou y ont apporté le fruit de leurs études.

Les plus remarquables d'entre eux sont :

Bou Messouar, de l'Iherasse; dès son plus jeune âge, il quitte son pays pour aller s'instruire. Après avoir mené une vie très austère, il acquiert une certaine fortune qui lui permet d'apprendre la jurisprudence auprès du Chikr Bou Zekria Yahia ben Younesse es Sedrati. Il se marie dans le Nefoussa et vient à Djerba vers 828. Son dévouement et sa charité lui procurent une réputation de savant et de généreux. Nous avons vu plus haut qu'il avait commencé la construction du Djemâa-el-Kebir. Il meurt au commencement du ixe siècle et est enterré près de Gallala, dans le cimetière de Houmet-el-Fehecine.

Fecil, son fils, continue l'œuvre de son père et devient savant jurisconsulte. Il meurt à la fin du ixe siècle.

Chikr Ismaïl Edj Djetali, savant iman que la jalousie envieuse des Tripolitains force à venir à Djerba où il professe et où il meurt en 1238.

Chikr Gassen Edj Djenaouni et son frère Ikreleff, tous deux fils du chikr Ed Djenaouni.

Chikr Amor ben Moknasse, qui est enterré à Houmt-Cedrien.

Chikr Daoud et Tlati, savant jurisconsulte, faussement accusé par ses ennemis de s'être plaint à Tunis de la tyrannie des soldats de Dragut, qui le fit tuer en 1497. Il est enterré à Berkouk.

Chikr Belgassem ben Saïd, des Younesse de Cedrien, qui meurt en 1577.

Chikr Ahmed ben Ali Setta, de Cedouikèche. Après avoir appris au Caire la théologie et la logique avec les docteurs du Djemâa-el-Azehar, il revient à Djerba, où il s'occupe de lettres et de sciences jusqu'en 1578, époque de sa mort.

Chikr Mohammed ben Amor ben Mohammed, son fils et son élève, qui acquiert, lui aussi, une grande réputation.

Chikr Metsilehâne ben Bouzid, de Cedrien, savant iman qui professe dans le Djemâa-Beni-Sakine, et meurt en 1613.

Chikr Slimane edj Djebatli, de Cedrien, qui meurt en 1615.

Chikr Ibrahim ben Abdallah ben Ibrahim ben Abi Bakkar ben Amor, né à Djoumena en 1555, apprend au Caire la théologie et la rhétorique, vient à Djerba, où il continue l'étude de la science avec les lettrés dans le Djemâa-el-Grorba. Mourad Bey ben Ali lui ayant fait construire une medersa (école), il s'y transporte avec les lettrés dont il fait des savants. Il meurt en 1749.

Administration.

Les diverses nationalités sont représentées à Houmt-Souk par des consuls ou agents consulaires du commerce, destinés à protéger et à régler les affaires de leurs nationaux.

Les israélites sont placés sous la protection d'un consul choisi par eux ; mais la majorité sont protégés Français.

D'ailleurs, l'abolition des capitulations a, depuis la fin de l'année dernière, rendu tous les habitants de l'île justiciables des tribunaux français.

L'administration locale subsiste néanmoins, toujours sous le contrôle français, d'après les anciens principes, et le gouvernement de l'île appartient à un kaïd, dont la résidence légale est à Houmt-Souk, mais qui, de fait, habite Tunis. Ce kaïd se nomme Mohammed ben Ismaïl et n'est autre que le neveu du célèbre Mustapha ben Ismaïl, ce si profond et sincère admirateur de notre Paris, où il a fait de si longs séjours.

En son absence, les affaires sont gérées par le khalifa Si Ahmed ben

Brahim, le frère de notre agent consulaire et agent de la Compagnie générale Transatlantique française.

D'ailleurs, à Djerba comme dans les autres régions de la Tunisie, les divers services ou administrations, la perception des impôts, etc., sont o seront successivement confiés à des fonctionnaires ou employés français.

DEUXIÈME PARTIE

Géographie politique.

L'on est en droit de se demander, dès l'abord, si la population de Djerba peut être regardée comme descendant plus particulièrement des Autochthones ou premiers habitants du sol.

Nous avons dit déjà qu'il y avait de grandes probabilités en faveur de ce groupe de populations auquel on a donné le nom commun de Berbères, et que c'est à ces populations que doit s'appliquer l'antique dénomination de Lybiens.

L'attention des émigrants de Tyr et de Grèce ne pouvait guère, en effet, être attirée que par l'importance de ces premières peuplades aborigènes, dont l'association des Lotophages faisait partie.

Les seuls souvenirs qui nous soient restés de cette époque sont des contes et des légendes mythologiques, dont nous avons montré l'invraisemblance.

Il faut donc attendre le moment où les incursions phéniciennes viennent apporter la civilisation asiatique, et où les grecs s'établissent en Cyrénaïque.

Cette période de sept siècles est occupée à la colonisation du littoral méditerranéen et à des luttes contre les indigènes ; mais elle se termine en Sicile et en Espagne par les deux guerres puniques qui font tomber cette contrée sous la domination romaine.

Avec l'Afrique tout entière, Djerba reçoit les bienfaits du génie entreprenant des nouveaux conquérants qui y apportent la civilisation de la métropole et rendent l'agriculture florissante. Des villes sont bientôt bâties, dont les ruines ont suffisamment démontré l'importance ; Gallus et Volusianus y sont élevés à la dignité d'augustes.

Malheureusement, des dissensions intestines, des soulèvements surgissent ; les révoltes successives de Firmus, soutenues par les fanatiques religieux qui s'étaient vus persécuter, préparent la chute de l'empire, chute qui devient définitive à la suite de la rivalité d'Aëtius et de Boniface, et qui fait passer ces conquêtes aux mains des Vandales.

Genséric, leur chef, cherche, dès le milieu du ve siècle, à établir solidement sa puissance et à organiser sa conquête sur des bases régulières et permanentes. Il partage les terrains, constitue une armée de terre et une marine, puis recherche de nouvelles possessions.

Mais, en mourant, il ne lègue à ses successeurs ni son génie ni son austérité. Aussi, en 533, la victoire de Tricaméron remportée sur Gélimer par Bélisaire, général de Justinien, met l'Afrique sous la domination de Constantinople.

Les administrateurs envoyés de Grèce ont alors le tort de livrer le pays à une avide exploitation et de réclamer pour leur propre compte les terres qui avaient fait autrefois partie du domaine de l'empire.

Par des moyens énergiques, Salomon, successeur de Bélisaire dans le commandement de l'Afrique, arrête un instant ces tendances envahissantes.

Malgré tous ces efforts, l'autorité des Césars court vers sa ruine et doit bientôt céder sa place à celle des Arabes.

En effet, après les deux tentatives couronnées de succès faites par Abdallah ben Saïd, Ebn Kadidjeh, lieutenant du khralifa Moaviah, entre en Afrique en 665, à la tête de 10,000 Arabes, a bientôt battu les 30,000 Grecs qui lui étaient opposés, et prend possession des villes de la côte.

Djerba devient donc arabe.

A partir de ce moment, et jusqu'au milieu du xie siècle, les dynasties se succèdent avec une alternative de succès et de défaites.

Mais, à cette époque, les Zirides laissent tomber leurs Etats au pouvoir du grand comte Roger II, roi de Sicile.

C'est ainsi que, de 1155 à 1170, Djerba, après de sanglants combats, tombe au pouvoir des Européens, à la suite du traité que le gouverneur Hassen Es Sanehedji est obligé de signer.

Quelques années plus tard, l'émir de l'Ouest Abdel Moumen ben Ali Zenati force les Européens à rendre ce pays.

Vers le milieu du xiiie siècle, les Espagnols font une première tentative sur l'île, où ils viennent aborder et où ils sont vigoureusement reçus par les Djerbiens. Du Djerid, où il était avec ses troupes, Abib Fares ben Ahmed el Afeci, qui régnait alors, vient au secours de Djerba, passe la mer à Tarbella et fait essuyer aux Espagnols une sanglante défaite.

C'est à la suite de cette défaite que fut construit, avec les têtes et les ossements des vaincus, le Bordj-Rious que nous avons mentionné plus haut.

Au commencement du xive siècle, Abi Zekria es Semoumeni est nommé gouverneur de l'île. A cette même époque, Pierre de Navarre, commandant l'armée espagnole, après s'être emparé d'Oran et de Bougie, puis de de Tripoli, vient aborder au sud de l'île, et prévient les indigènes rassemblés à Bordj-Castille et à Ksar-Messaoud que s'ils ne lui livrent Djerba, il s'en emparera par la force.

Semoumeni ayant répondu qu'il désirait ardemment le combat, les Espagnols commencent leur débarquement ; mais ne se voyant pas en nombre, ils retournent à Tripoli.

Croyant à une ruse de guerre, les Djerbiens s'établissent sur leurs positions qu'ils fortifient. Bien leur en prend d'ailleurs, car cinquante-trois jours après, les Espagnols viennent de nouveau débarquer avec tout leur matériel.

Après des alternatives de succès et de défaites, les Djerbiens restent encore vainqueurs de la lutte. De plus, pendant leur retraite, un vent violent jette à la côte plusieurs bateaux espagnols qui tombent aux mains des vainqueurs. Les autres retournent à Tripoli.

Une deuxième tentative est plus heureuse pour les Européens, qui restent maîtres de l'île pendant près d'un demi-siècle.

Nous voyons pendant toute cette période un homme avoir une influence considérable sur les destinées de cette contrée ; c'est Dragut. Né dans la presqu'île de Mentaché, il sert d'abord Kaïd-Eddin qui, ayant remarqué son courage et son habileté, lui donne le commandement de douze galères avec lesquelles il ravage les côtes d'Italie. Mais, pris par le neveu d'André Doria, il est réduit à ramer comme esclave à la chiourme d'un navire génois pendant quatre ans. Racheté par Kaïd-Eddin et mis à la tête des corsaires, il recommence ses pillages et ses luttes sur le littoral tunisien, avec André

Doria, qui s'était assuré le concours de Mouley-Assein, roi de Tunis et vassal de Charles-Quint.

Bloqué à Djerba par la flotte de l'amiral génois, Dragut est obligé, pour pouvoir gagner avec ses galères la partie occidentale du continent, de faire creuser l'entrée orientale du canal d'El-Kantara.

En 1551, il reçoit le commandement de Tripoli, qui venait d'être enlevé aux chevaliers de Malte.

En 1560, il revient près de Djerba, réunit ses forces à celles de l'amiral turc Pioli, détruit la flotte espagnole de La Cerda, fait massacrer les soldats chrétiens et leur chef don Alvar de Sante, puis, avec leurs têtes et leurs ossements, fait construire près du Bordj-el-Kébir-el-Hassar la pyramide des crânes.

Cette période est aussi marquée par l'apparition de la peste qui décime les habitants et jette l'île dans une profonde désolation. . . . .

L'île étant revenue en la possession de Tunis, la politique et les intrigues amènent alors de fréquents changements de chikrs et une série de luttes intestines.

C'est d'abord Ahmed ben Moussa, un mécontent qui réunit les Akkara et les Oureghramma, vient débarquer avec eux à Adjim et livrer bataille au chikr Moussa ben Salah

Battu à Houmt-Tadjemout, ce dernier se réfugie à Houmt-Souk, dans le Bordj-el-Kébir; mais il y est poursuivi et est obligé de s'enfuir dans une barque. Il demande du secours à Younesse Bey ben Ali, qui lui donne les Zouaoua, avec lesquels il revient à Djerba, défait et poursuit jusqu'à Tarbella les partisans d'Ahmed ben Moussa, en massacre un grand nombre, et, avec leurs têtes, construit un bordj à côté du Bordj-Rious espagnol.

Il jouit, du reste, peu de son succès, car, atteint d'aliénation mentale, il est bientôt destitué.

Pendant le demi-siècle qui suit, la peste exerce de nouveau ses ravages dans l'île.

La fin du XVIᵉ siècle voit recommencer les luttes avec le gouvernement tripolitain, lors de la nomination d'Ali-Pacha comme gouverneur de Tripoli, après le départ d'Ali-Pacha ben Ghrormali.

Au mois de janvier 1794, neuf vaisseaux, placés sous le commandement de Kara-Mohammed, viennent, par une nuit très sombre, jeter l'ancre devant Aghir et débarquer les troupes tripolitaines.

Celles-ci se divisent en trois corps, et, dès le lendemain matin, à la pointe du jour, elles se portent en avant.

En apprenant cette nouvelle, le Kaïd Hemida ben Gassem ben Aiâd, gouverneur de Djerba, s'enfuit jusqu'à Houmt-Souk, où il s'enferme dans le bordj.

Les Tripolitains, auxquels s'étaient joints les Djerbiens opposés à la guerre, livrent au pillage la maison du gouverneur, dont les serviteurs prennent la fuite, et arrivent à Houmt-Souk.

Kara-Mohammed est aussitôt nommé gouverneur en remplacement de ben Aiâd. Le premier acte de son gouvernement est d'accorder l'aman aux habitants et aux soldats qui s'étaient retirés dans les bordjs. Aussi, chacun lui fait-il sa soumission sans la moindre résistance.

Quant au Caïd ben Aiâd, dès qu'il avait vu arriver les Tripolitains, il s'était sauvé sur une barque, et s'était réfugié sur un navire envoyé par Kormane, avec lequel il s'était rendu à Sfax, auprès du Caïd Mahmoud Edj Djellouli, qui rendit compte immédiatement de tous ces événements à Hamouda-Pacha.

Celui-ci réunit aussitôt un corps de volontaires (soldats et arabes) qu'il fait embarquer à la Goulette (Halk-el-Oued).

La flotte, placée sous le commandement d'El Hadj Ali Edj Djeziri, quitte ce port le 22 février, et, après s'être grossie en chemin de plusieurs bateaux venus de la côte tuisienne, elle arrive le 5 mars devant Djerba, où elle se trouve en présence de la flotte tripolitaine. Celle-ci est sans doute prise de peur, car elle lui cède immédiatement la place sans combat et retourne sur Tripoli.

A cette nouvelle, Kara-Mohammed se met en état de défense ; mais lorsque, huit jours après, les Tunisiens opèrent leur débarquement, il est battu et réduit à s'enfuir avec ses soldats qui sont heureusement recueillis et reconduits par des vaisseaux tripolitains qui étaient en ce moment dans le port de la Sekia.

Après ce succès, Edj-Djeziri est nommé gouverneur, mais il laisse ses soldats piller le Souk et rançonner les habitants. Aussi, dès sa rentrée à

Tunis, ces faits lui sont si sévèrement reprochés par Hamouda-Pacha qu'il en devient fou.

À partir de cette époque et jusqu'à l'occupation française, la situation de l'île ne change plus, et sa tranquillité n'est plus troublée que par la peste, fléau maudit, qui vient encore apporter sa ruine pendant les années 1809 et 1859. . . . .

Le souvenir des causes de la campagne de Tunisie, et les conclusions du traité du Bardo qui y mit fin, sont encore présents à la mémoire de tous. Aussi n'y reviendrons-nous pas. Nous nous contenterons de constater que, pendant tout le temps que dura l'expédition, l'île resta très calme, et que, lorsque les troupes françaises vinrent y débarquer au mois de septembre 1881, personne ne s'opposa à leur descente.

Dès l'abord, elle fut un centre militaire assez important ; mais, peu à peu, les troupes et les services en furent retirés, et il ne reste plus maintenant qu'une compagnie d'infanterie détachée d'un des corps de Gabès.

Effectif bien suffisant, car les Djerbiens supportent bien facilement le protectorat français, dant ils reconnaissent les bienfaits. Liberté plus grande, régularité dans la perception des impôts, diminution de l'arbitraire, etc.

Ils en ont, nous le savons, témoigné sinon leur affection, du moins leur reconnaissance et leur respect, aux généraux commandant le corps d'occupation et à M. le Ministre résident.

Aussi avons-nous l'intime conviction que, si la colonisation frnçaise y est favorisée d'une façon suffisante pour mettre dans des mains françaises le commerce encore trop accaparé par les étrangers, la France aura bientôt une source sérieuse de revenus dans la fertile et pittoresque île de Djerba.

ERRATA

PAGES	LIGNES	AU LIEU DE :	LISEZ .
1	17	Patroze	Batroze
4	5	centre	centres
4	8	son	sont
6	22	sensiblement quadrilatère	sensiblement un
6	23	Eoudj	Bordj
6	31	Agathémen	Agathémère
8	21	c'est	est puisé dans
8	31	Soria	Loria
9	15	Lemoumeni	Semoumeni
9	23	construction	reconstruction.
9	30	Mahammed	Mohammed
10	13	du xiii^e	du milieu du xiii^e
11	7	Djeboua	Djeboud
12	19	le Menirx	la Menix
12	23	qu'elle	quelle
13	27	Truk	Trick
15	2	*Houmt-Adjin*	*Houmt-Adjim*
15	7	Adjin	Adjim
15	8	boot	bord
15	11	On le désigne	On la désigne
15	25	enchir	henchir
16	4	*Midun*	*Midoun*
16	5	*Cédonikèche*	*Cédonikèche*
16	9	n'insisterons	insisterons
16	17	se hasardait	s'y hasardait
16	18	Stradiasme	Stadiasme
18	10	*Bordj-Truk*	*Bordj-Trick*
20	5	poæmier	gommiers
20	14	Cédonikeche	Cedonikèche
21	7	id.	id.
21	18	*karos*	γαρος;
32	17	Si-Djemor	Si-Djermor
34	29	Dj. el Haroha	Dj. el Haroba

23 Sept

Planche 1.
ILE DE DJERBA.
Ras Zaret
Si Salem
B. El Kébir
Si Adem
Houmt es Souk
Si Djemaur
Golss
Bou d'altamiat
Si Bolain
Dj. Sebach
Ras
Si Slimen
Midoun
Si Ghaba
Jaret Adam sir.
Hakat el Sriya
H. Cedrien
Benizai
Bett
Si Tsatret
Yatrath
E. Yorti
Oaaa Rhar
Bett
Craa Hama
Si Ahmar
Gallala
B. el Harsa
I. El Kouna
Adjim
B. el Harsa
Kencen
Si Amar
B. el Kiniara
B. Castila
P. L. Bougai
Jaret el Djert
E. Hiaa
Hetamar el Golss
Si Kaliata
Pai Ech Chermach
B. El Saa
B. Triek el Djemel
I. Garbala
I. Djilidja

Lignes télégraphiques sous-marines ou terrestres
lignes aériennes
marabout
bordj

A. Bruiard del.

LOTOPHAGITIS INSVLA vel MENINX

EL KEBIR EL AASSAR
BORDJ-ES-SEBA

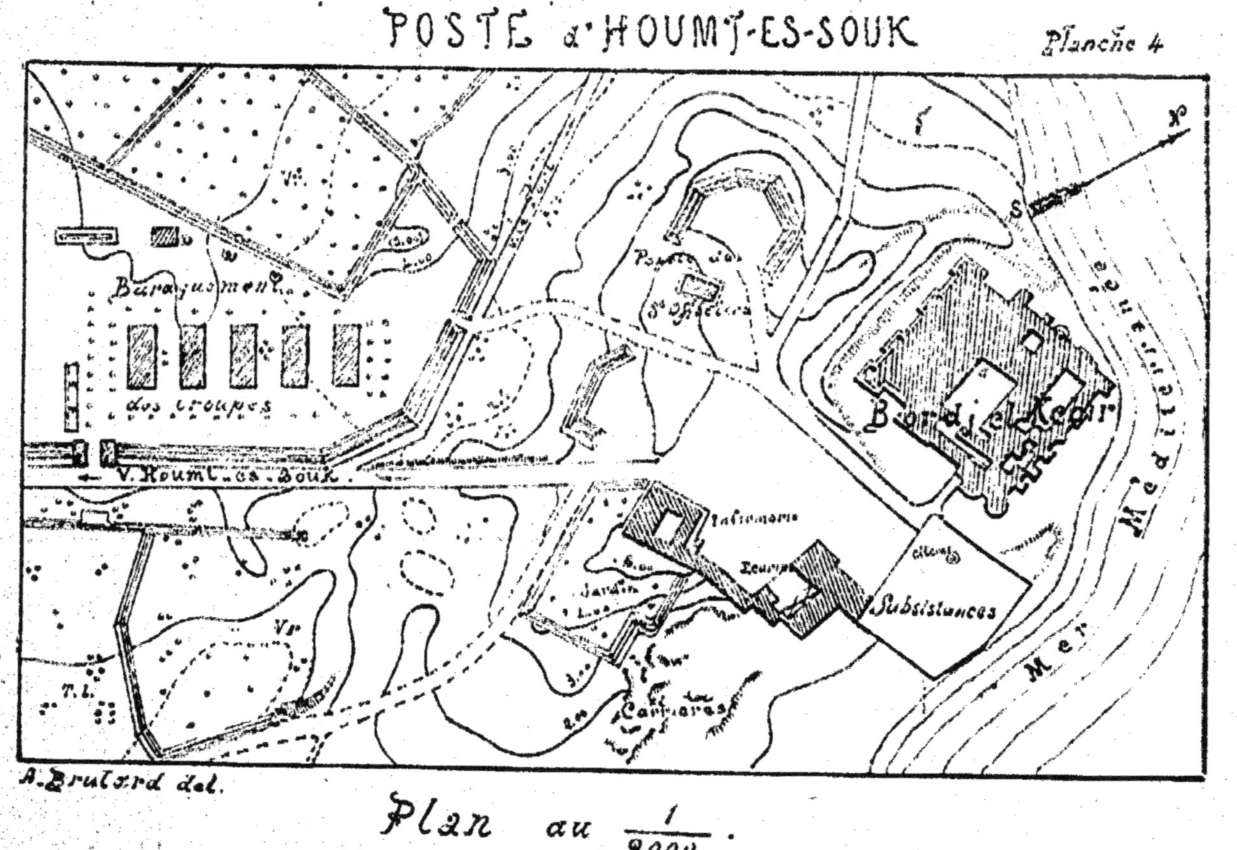

POSTE d'HOUMT-ES-SOUK
Planche 4
Vr.
Baraquements
des troupes
V. Houmt-es-Souk
Poste d'Officiers
Bordj el Kebir
Infirmerie
Ecurie
Jardin
Citerne
Subsistances
Vr.
T.l.
en Cannaces
Méditerranée
Mer
S
N
A. Brulard del.
Plan au 1/2000.

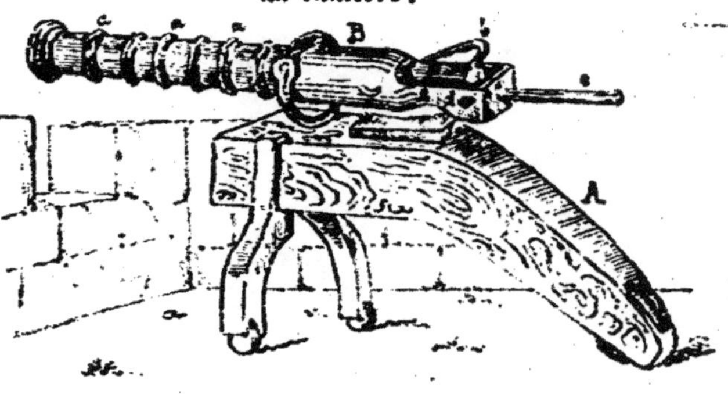

MODÈLE DES PIÈCES TROUVÉES

DANS LE BORDJ EL KÉBIR A

HOUMT-ES-SOUK.

A. BEULARD del.